电力“红马甲”在行动

电力线路防外力破坏

国网山东省电力公司◎组编

中国电力出版社
CHINA ELECTRIC POWER PRESS

内容提要

电力“红马甲”是一种象征，象征着服务、象征着温暖、象征着热心。国网山东省电力公司针对电力线路特点，以通俗易懂、图文并茂的方式，为大众讲解相关电力线路防外力破坏常识，旨在共同维护良好的用电环境。

本书具有很强的针对性，对保护电力线路具有较强指导意义，适用于广大居民阅读。

图书在版编目（CIP）数据

电力“红马甲”在行动. 电力线路防外力破坏 / 国网山东省电力公司组编. —北京：中国电力出版社，2022.4（2024.9 重印）

ISBN 978-7-5198-6685-3

Ⅰ. ①电… Ⅱ. ①国… Ⅲ. ①电力线路—安全教育—普及读物 Ⅳ. ① TM92-49

中国版本图书馆 CIP 数据核字（2022）第 061818 号

出版发行：中国电力出版社
地　　址：北京市东城区北京站西街 19 号
邮政编码：100005
网　　址：http://www.cepp.sgcc.com.cn
责任编辑：苗唯时
责任校对：黄　蓓　马　宁
装帧设计：赵姗姗
责任印制：石　雷

印　　刷：北京顶佳世纪印刷有限公司
版　　次：2022 年 4 月第一版
印　　次：2024 年 9 月北京第二次印刷
开　　本：889 毫米 ×1194 毫米　48 开本
印　　张：1.375
字　　数：35 千字
印　　数：3001—4000 册
定　　价：19.80 元

编 委 会

主　　任　刘伟生

副 主 任　李猷民　程学启　王庆杰

委　　员　斯地克·买买提　黄　锐　赵辰宇　董　啸　刘明林
　　　　　李　强　任敬飞

编 写 组

主　　编　黄　锐

副 主 编　赵辰宇　董　啸

参编人员　李　强　任敬飞　崔乐乐　房　牧　左新斌　李建修
　　　　　程海斌　刘军青　王乃德　于学新　张延峰　候　芹
　　　　　杨　超　宋厚鑫　刘文安

前　言

国网山东省电力公司利用电力“红马甲”这个具有服务、温暖以及热心的象征，组织编写了《电力“红马甲”在行动》丛书。丛书以通俗易懂、图文并茂的形式指导电力用户安全用电，旨在共同维护良好的用电环境。

电力线路承担着向千家万户输送电能的重任，电力线路一旦发生故障，将对大面积供电用户造成影响，甚至对整个社会安全稳定造成极大影响。提升社会各界电力线路保护意识，可有效防范线路防外力破坏风险，维护安全、良好的用电环境。

本书是《电力线路防外力破坏》分册，从宣传类、施工类、建筑类、生产类、堆放类、电缆类、生活类以及违法类等方面，以场景事例的形式逐一进行展示，对保护电力线路防外力破坏具有重要作用。

由于时间仓促，画册中不妥之处，敬请各位同行、广大读者提出宝贵意见。

国网山东省电力公司

2022 年 4 月

目 录

一、宣传类

1. 线路保护宣传

电力线路是给千家万户送电的，若出问题，会引起大面积停电。保护电力线路人人有责，对危害电力线路的行为，人人有权制止，并向电力管理部门、公安部门报告。

二、施工类

2. 起重机械

未经批准，起重机械不得进入架空电力线路保护区进行施工。这可能会导致因与带电部位安全距离不足而触电。

3. 超高机械

超过 4 米高度的车辆或者机械，违章进入架空电力线路保护区作业，吊臂虽然与输电线路保持了安全距离，但由于吊物与线路过近，仍将会造成放电，导致触电伤亡事故。

4. 挖掘机

电力线路保护区内挖掘机作业时，会因斗壁与导线安全距离不足发生放电，造成人员触电或对电力设施造成损坏。

5.翻斗车

自卸车卸货时车厢与导线安全距离不足发生放电，造成人员触电或对电力设施造成损坏；行驶时穿越导线安全距离不足发生放电。

6. 水泥泵车

水泥泵车作业时臂架与导线安全距离不足发生放电，造成人员触电或对电力设施造成损坏；行驶时穿越导线安全距离不足发生放电。

7. 打井

在电力线路保护区附近进行打井、打桩、钻探等作业，作业中发生机械与导线距离不够发生放电，造成人员触电或对电力设施造成损坏；机械发生滑移、倾倒，以及发生吊臂折断时，可能对电力设施造成损坏。

8.地锚

利用杆塔、拉线作起重牵引地锚，可能导致杆塔倾倒，引发事故。

9. 爆破

距离电力设施 500 米范围内进行爆破作业，爆破产生的飞石对导线、绝缘子或杆塔造成损伤；爆破距离较近时，成片飞起的土石、雷管导电引线等杂物等引起线路短路跳闸，或异物悬挂导线。

10. 开挖

距杆塔、拉线基础边50米外开挖、取土，可能导致杆塔（拉线）基础土流失、塌方。

11.取土

在杆塔基础周围取土，容易造成倒杆事故，引起大面积停电；施工机械在变电站保护区内起吊、取土作业施工，可能延伸、垮塌至变电站内，引起设备跳闸或损坏。

三、建筑类

12. 棚膜

电力线路保护区内建蔬菜大棚，塑料薄膜覆盖应满足安全距离要求。塑料薄膜、遮阴网要采取加固措施，绑扎不牢会造成大面积停电。

13. 盖房

电力线路保护区内兴建建筑物、构筑物，可能因与带电部位安全距离不足导致触电；电力线路保护区外建房，因超高有可能发生高空落物砸向或飘挂于导线上。

四、生产类

14. 烧荒

在架空电力线路保护区内烧荒、烧窑，会引起大面积停电，造成巨大的经济损失。

15. 伐树

在电力线附近砍伐树木时，必须经电力部门同意，并采取防护措施。措施不当可能发生倾倒，对电力线路造成损坏。

16. 种树

在架空电力线路保护区内，不得种植可能危及电力设施安全的树、竹子等高杆植物。若栽种高杆树木，小树长高后，垂直距离、水平距离及倒向线路侧时不能满足设计技术规程要求，且易因树枝碰线引发事故。

17. 修路

在杆塔内或者杆塔与该杆塔拉线之间修筑便道，可能影响杆塔、拉线基础稳定性以及破坏接地网、电缆通道等地下设施。同时，车辆穿行也易撞拉线引发事故。

18. 撞拉线

杆塔和拉线处于车辆来往通道旁，影响田间作业时，要采取可靠防撞保护措施，不得触碰拉线，否则易造成事故。

19. 拆拉线

擅拆拉线可能导致电杆倾倒，引发事故要承担相关法律责任。

20. 卸螺丝

擅自破坏电力设施，严重违反《电力法》规定，必须接受电力行政执法人员处理。

五、堆放类

21. 易燃易爆

电力线路与易燃易爆材料堆放场及可燃或易燃，易爆液（汽）体储罐的防火间距不满足杆塔高度加 3 米的要求时，发生事故将危及电力线路安全运行。

22. 草料

电力线路保护区内堆放谷物、草料，可能因与带电部位安全距离不足，引发安全事故。

23. 堆土

在电力线路保护区内堆土方、垃圾等，人员攀爬时可能因与带电导线安全距离不足，危及人身安全。

六、电缆类

24. 水下作业

在海底电缆保护区内抛锚、拖锚，在江河电缆保护区内抛锚、拖锚、炸鱼、挖沙，可能造成电缆损坏，引发大面积停电。

25. 车辆作业

在电力电缆管沟附近进行挖掘、勘探、拖管等施工作业，可能造成地下电缆损坏。

26. 人工作业

在电力电缆保护人员作业前，应注意相关标识，并采取措施，避免事故发生。

27. 倾倒

在杆塔、拉线基础的规定范围内倾倒酸、碱、盐及其他有害化学物品，将腐蚀塔基，会导致杆塔倾倒，引发大面积停电。

七、生活类

28. 私拉乱接

擅自在杆塔上架设电力线、通信线、广播线，安装广播喇叭、悬挂广告牌及其他标志物，擅自张贴广告标语等，擅自在导线上接用电器设备，可能导致因与带电部位安全距离不足引发事故。

29. 拆标志

拆卸杆塔或拉线上的器材，移动、损坏永久性标志或标志牌，可能造成检修作业人员误登杆塔，引发人身伤亡事故。

30. 攀爬铁塔

擅自攀登杆塔，可能因与带电部位安全距离不足，危及生命安全。

31. 攀附农作物

利用杆塔、拉线攀附农作物，可能因与带电部位安全距离不足，引发事故；在杆塔、拉线上拴牲畜、悬挂物品，可能导致杆塔倾倒。

32. 垂钓

在架空电力线路保护区内垂钓，可能因与带电部位安全距离不足，引发人身安全事故。

33.射击

向架空电力线路设施射击，可能对导线、绝缘子或杆塔造成损伤；向导线抛掷物体将引起线路短路跳闸，或导致异物悬挂导线。

34. 放风筝

在架空电力线路导线两侧各300米的区域内放风筝或者放其他空中飘动物体，会导致风筝或异物悬挂导线，引发人身安全事故。

35. 放鞭炮

在架空电力线路保护区内放鞭炮，可能对导线、绝缘子及杆塔造成损伤。

八、违法类

36.举报

对破坏电力设施或哄抢、盗窃电力设施器材的行为检举、揭发有功者，电力管理部门将给予表彰或一次性物质奖励。

37.盗塔材

盗窃电力设施、器材会影响供电安全，发生触电事故，危及生命安全。对盗窃者要进行法律制裁，依照刑法有关规定追究刑事责任。

38. 销赃

任何单位或个人不得非法出售、收购电力设施器材。出售电力设施器材，必须出具相关证明，到规定的商业企业出售。

附录A　与带电线路保持的最小安全距离

附录B　输电线路保护区范围示意图

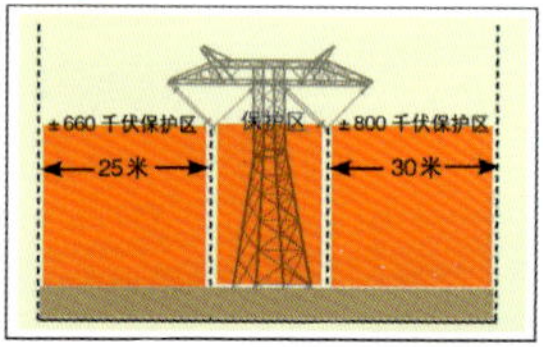

电力线路保护区：
±660 千伏导线边线的两侧水平延伸 25 米范围内；
±800 千伏导线边线的两侧水平延伸 30 米范围内。

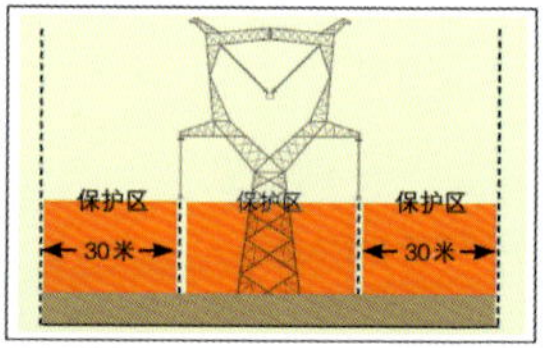

电力线路保护区：
1000 千伏导线边线的两侧水平延伸 30 米范围内。

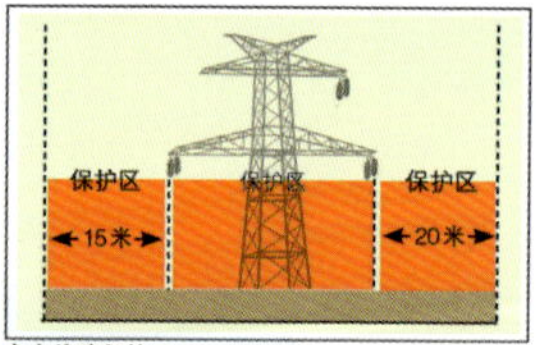

电力线路保护区：
220 千伏导线边线的两侧水平延伸 15 米范围内；
500 千伏导线边线的两侧水平延伸 20 米范围内。

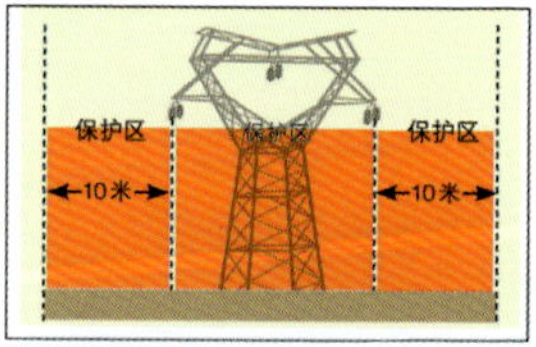

电力线路保护区：
110 千伏、35 千伏导线边线的两侧水平延伸 10 米范围内。